This book is dedicated to my love, Adam.

This book is a way of seeing numbers that the mind may not see otherwise.

$$2^9 = 512$$

$$2^8 = 256$$

$$2^5 = 32$$

$$2^1 = 2$$

$$2^4 = 16 \quad 2^2 = 4$$

$$2^3 = 8 \quad 2^6 = 64$$

$$2^7 = 128$$

$$2^{10} = 1024$$

$$3^1 = 3$$
$$3^2 = 9$$
$$3^3 = 27$$
$$3^4 = 81$$
$$3^5 = 243$$

$$3^6 = 729$$

$$3^7 = 2187$$

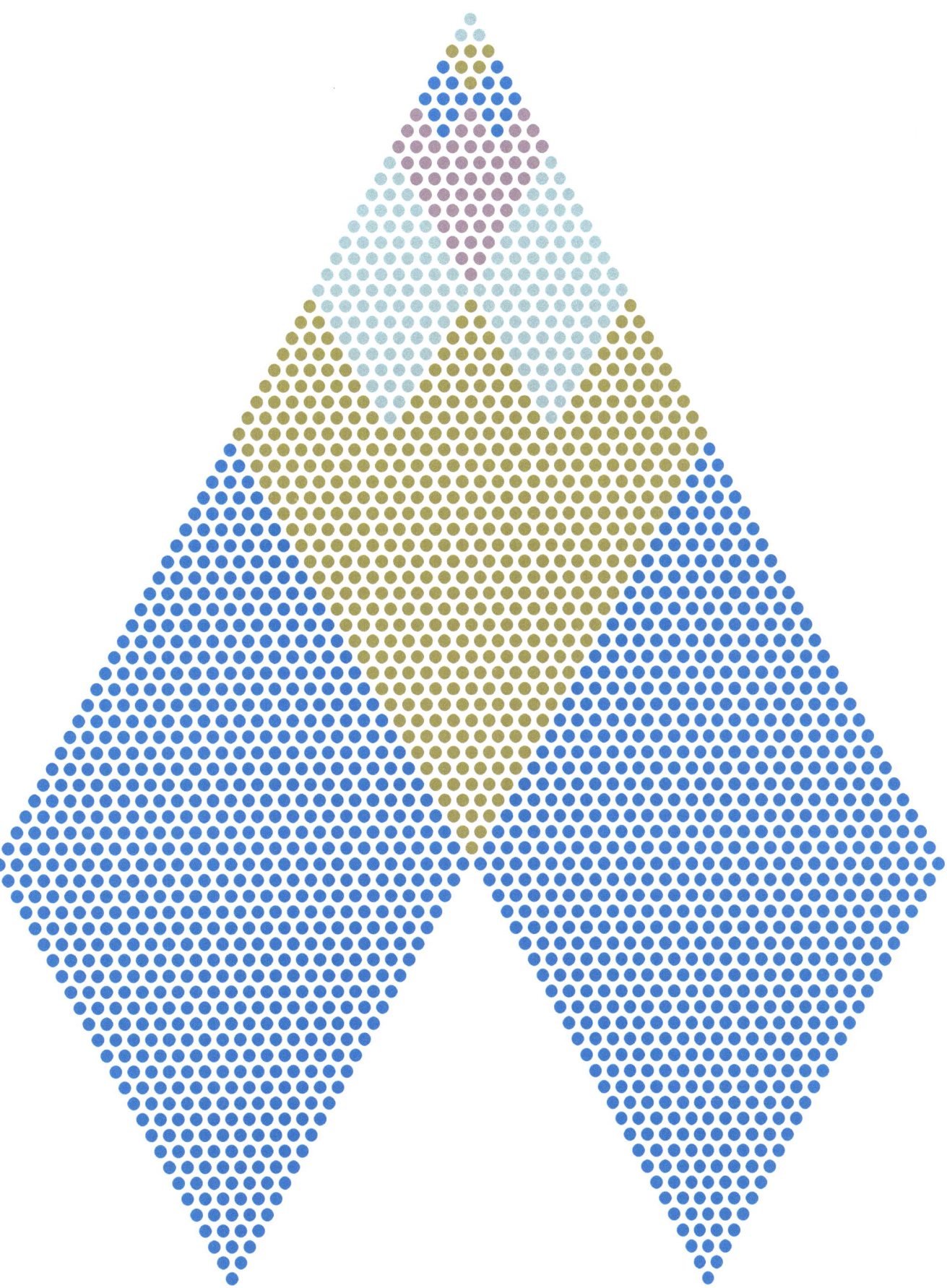

$$4^5 = 1024$$

$$4^3 = 64$$

$$4^1 = 4$$

$$4^2 = 16$$

$$4^4 = 256$$

$$4^6 = 4096$$

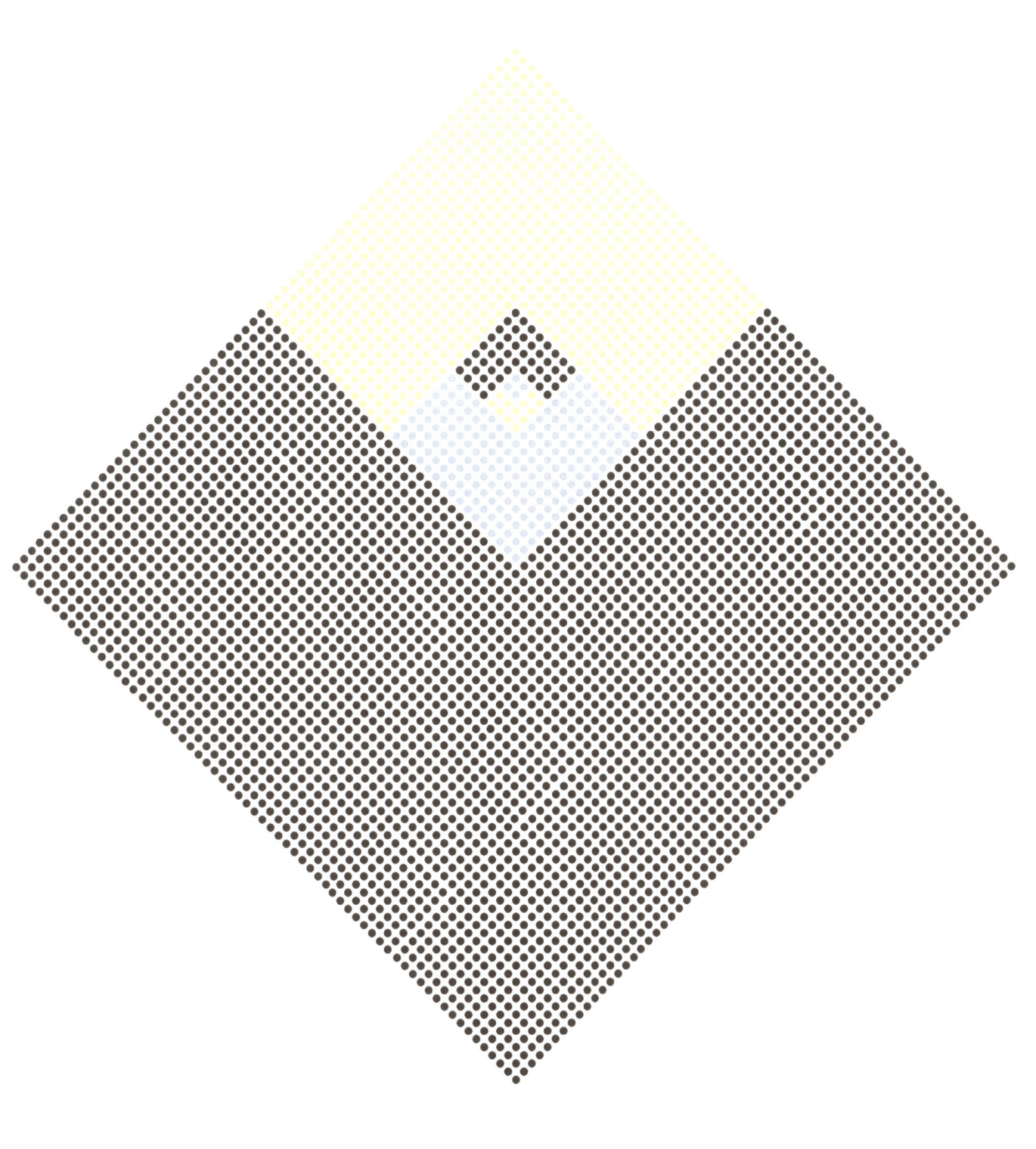

$$5^4 = 625$$

$$5^2 = 25$$

$$5^1 = 5$$

$$5^3 = 125$$

$$5^5 = 3125$$

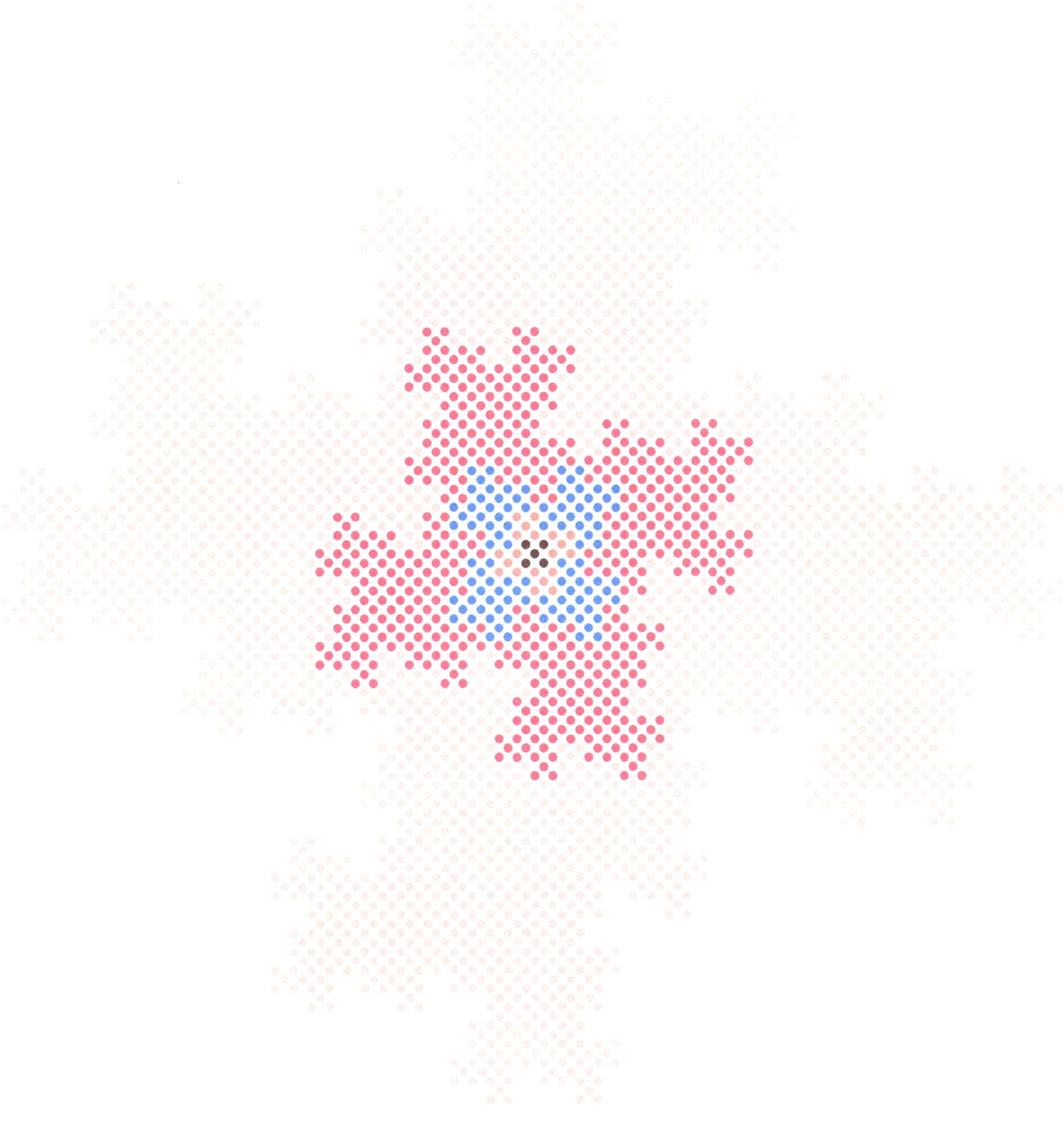

$$6^3 = 216$$

$$6^1 = 6$$

$$6^2 = 36$$

$$6^4 = 1296$$

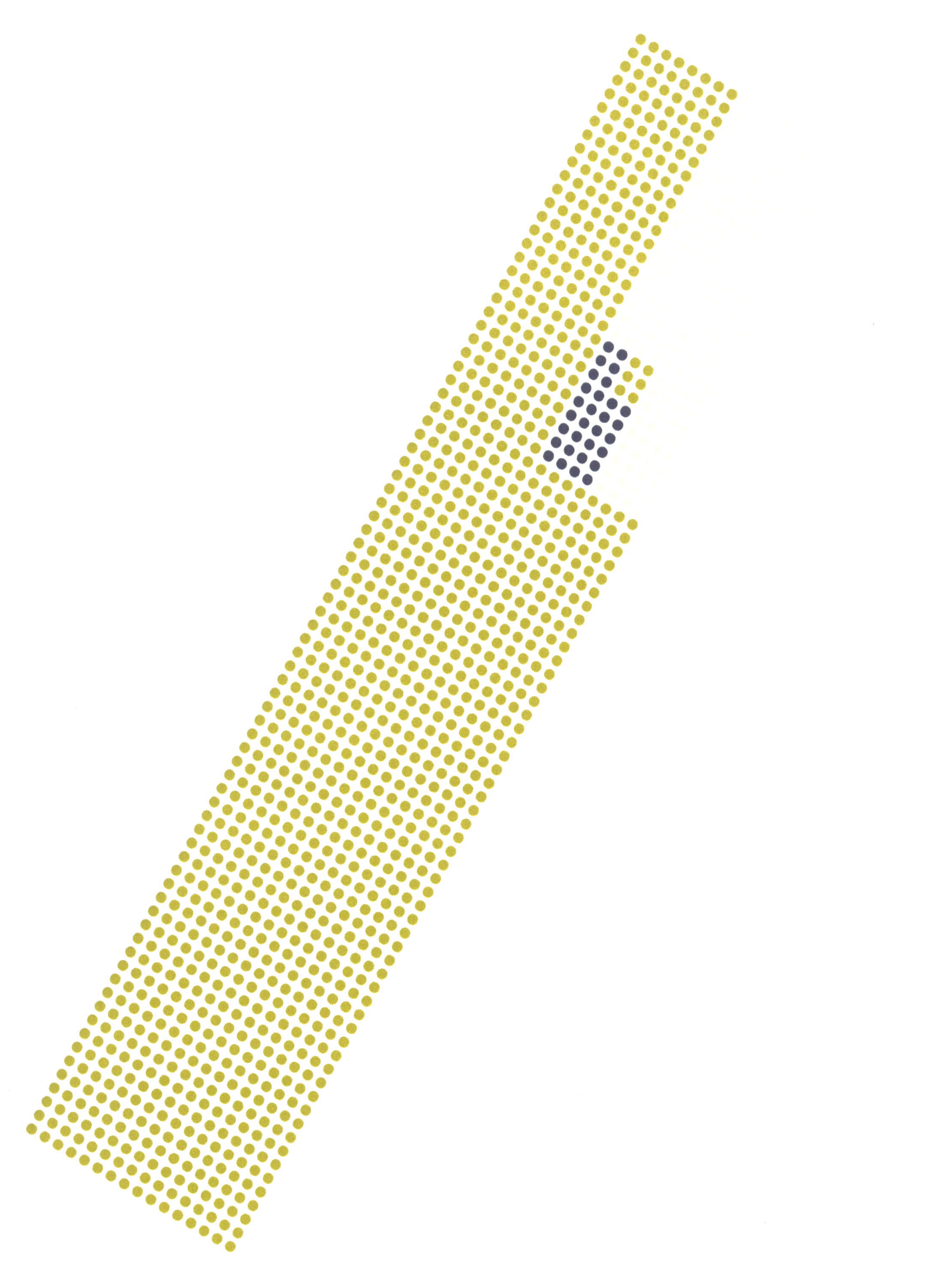

$$7^4 = 2401$$

$$7^3 = 343$$

$$7^1 = 7$$

$$7^2 = 49$$

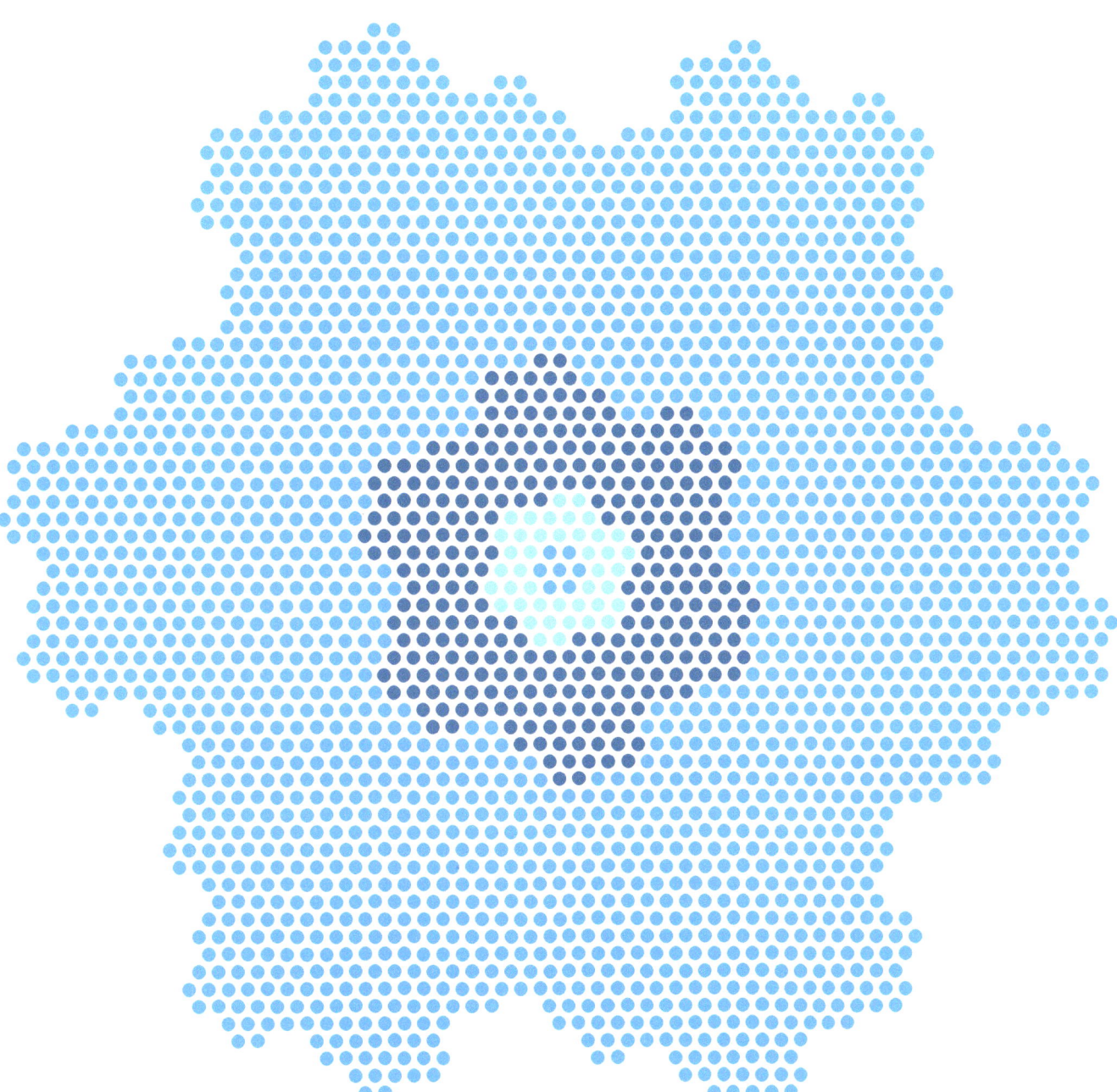

$$8^4 = 4096$$

$$8^3 = 512$$

$$8^1 = 8$$

$$8^2 = 64$$

$$9^3 = 729$$

$$9^1 = 9$$

$$9^2 = 81$$

$$10^3 = 1000$$

$$10^1 = 10$$

$$10^2 = 100$$

$$11^3 = 1331$$

$$11^1 = 11$$

$$11^2 = 121$$

$$12^2 = 144$$

$$12^1 = 12$$

$$12^3 = 1728$$

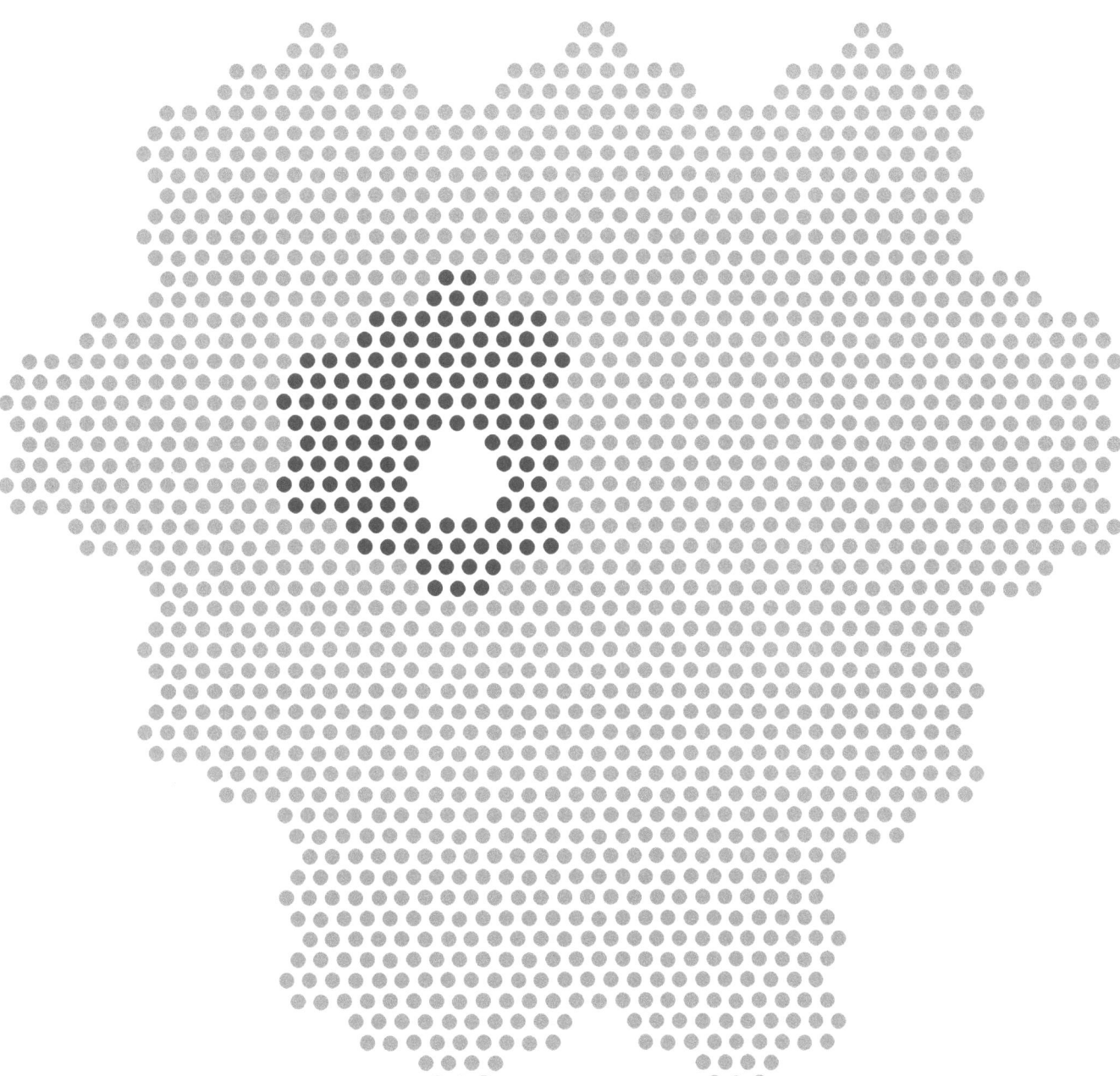

$$13^3 = 2197$$

$$13^1 = 13$$
$$13^2 = 169$$

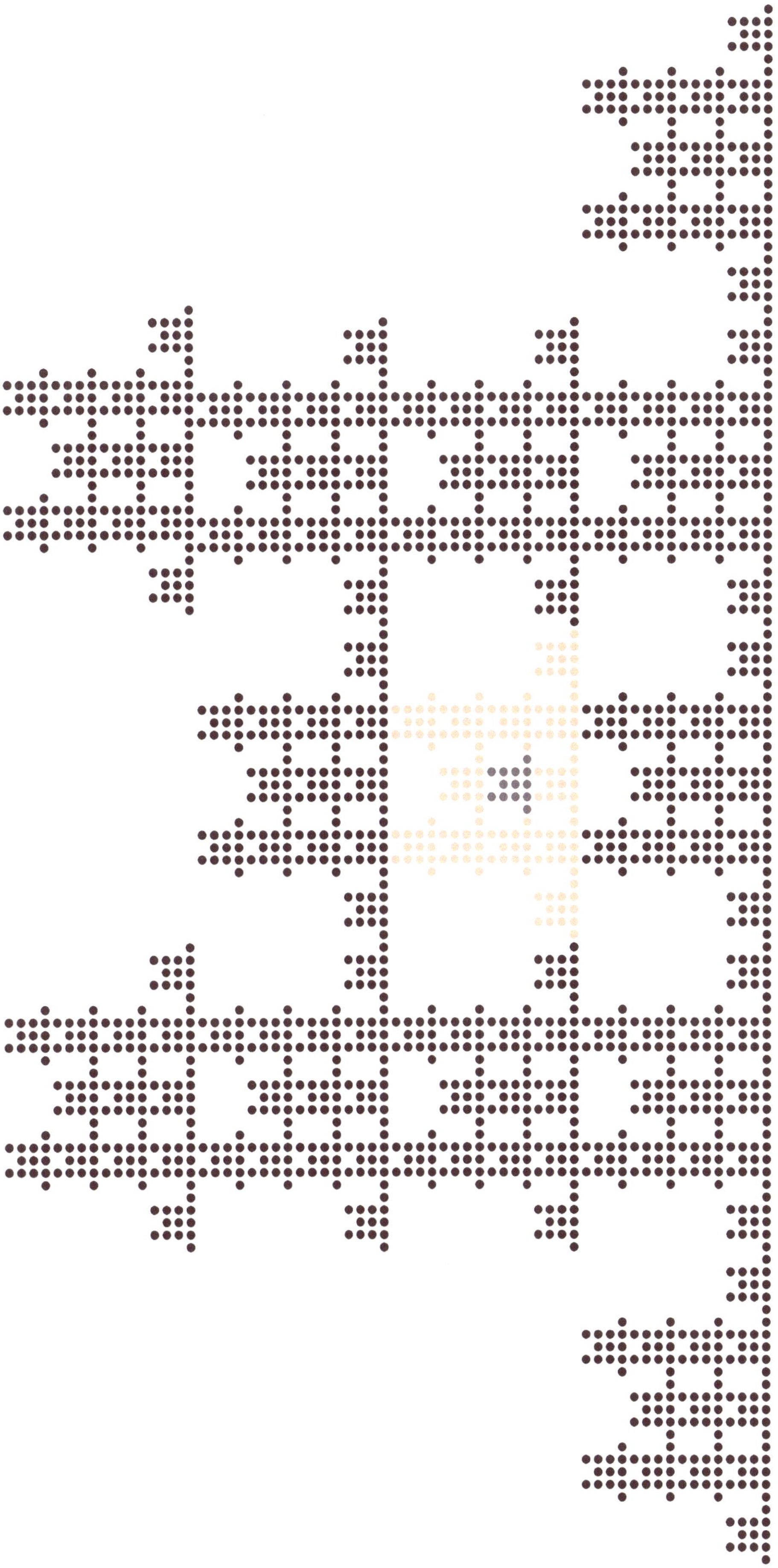

$$14^3 = 2744$$

$$14^2 = 196$$

$$14^1 = 14$$

$$15^1 = 15$$
$$15^2 = 225$$

$$15^3 = 3375$$

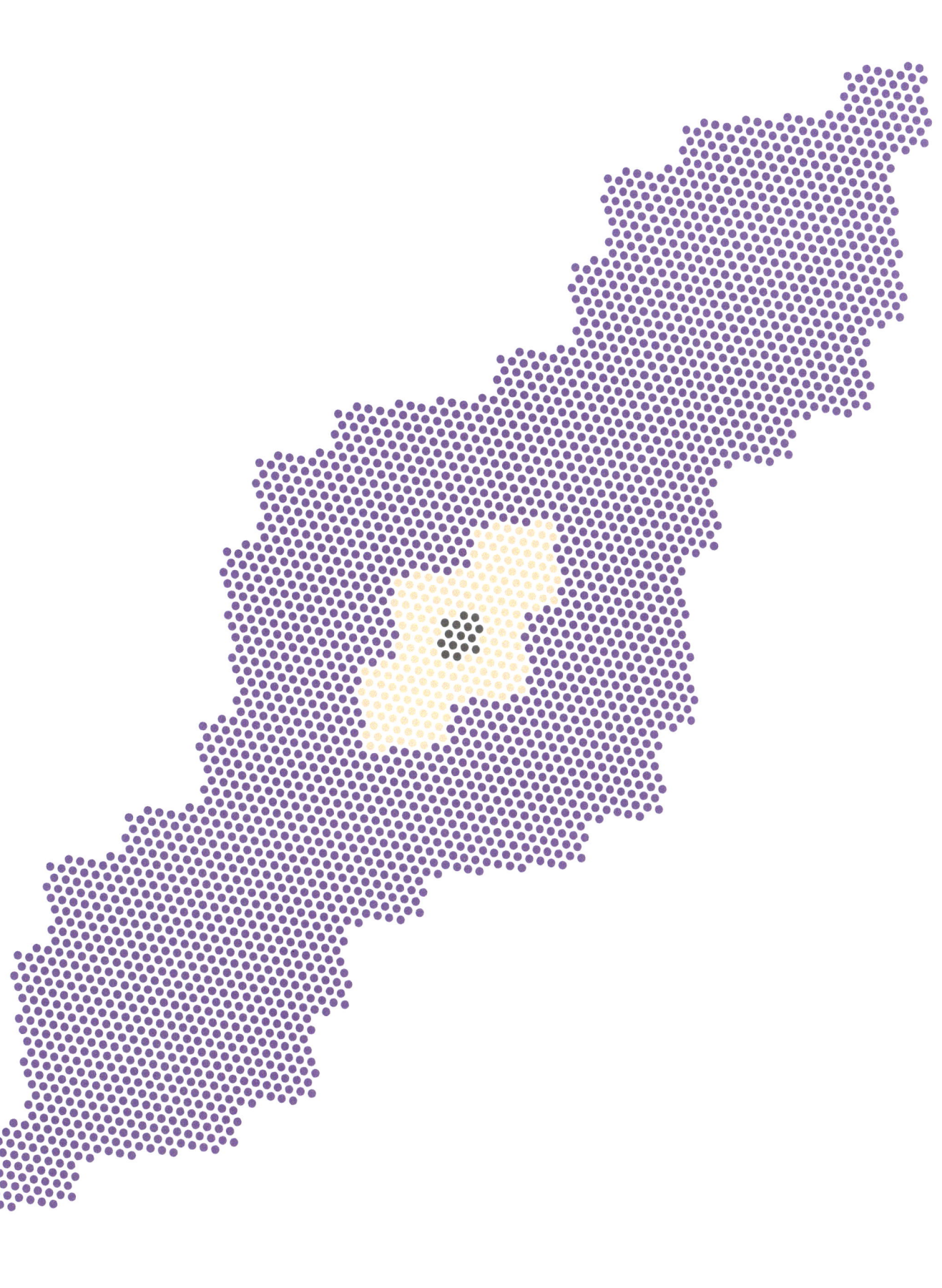

The powers of 15 are beyond my comprehension, so I stopped here.

There are
many more
possibilities...

www.ingramcontent.com/pod-product-compliance
Lightning Source LLC
Chambersburg PA
CBHW050908180526
45159CB00007B/2837